DEUTSCHE AKADEMIE DER WISSENSCHAFTEN ZU BERLIN

VORTRÄGE UND SCHRIFTEN

HEFT 29

ÜBER PHYSIKALISCH-CHEMISCHE MODELLE VON LEBENSVORGÄNGEN

von Dr. K. F. Bonhoeffer

Professor für Physikalische Chemie an der Universität Berlin

1948

AKADEMIE-VERLAG BERLIN

Erschienen im Akademie-Verlag GmbH., Berlin NW 7, Schiffbauerdamm 19
Veröffentlicht unter der Lizenznummer 156 der SMA in Deutschland
Gedruckt in der Buchdruckerei Oswald Schmidt GmbH., Leipzig M 118
Bestell- und Verlagsnummer 2003/29
Preis RM 2,—

ÜBER PHYSIKALISCH-CHEMISCHE MODELLE VON LEBENSVORGÄNGEN

Das Wort „Modell“ hat in den Naturwissenschaften einen schärfer umrissenen Sinn als im allgemeinen Sprachgebrauch. Das hängt mit der Funktion zusammen, die die Modelle in den Naturwissenschaften haben. Ein Modell hat die Aufgabe, ein unübersichtliches Objekt zu veranschaulichen. Ein einfaches Beispiel ist der Globus als Modell der Erde. Die Unübersichtlichkeit des Objektes beruht hier auf seiner Größe; durch eine Verkleinerung des Maßstabs wird im wesentlichen hier die Veranschaulichung erreicht. Aber ein Globus ist nicht eine verkleinerte Erde, er ist dazu bestimmt, nur spezielle Fragen, die man bezüglich der Erde stellen kann, zu beantworten, so etwa die Frage nach der gegenseitigen geographischen Lage verschiedener Orte auf der Erdoberfläche. Jedes Modell ist unter einem bestimmten Gesichtspunkt konstruiert und vereinfacht das Objekt in charakteristischer Weise. Für die Frage nach der chemischen Zusammensetzung der Erde z. B. ist der Globus als Modell wertlos. Hier wird als Modell etwa das Eisen genommen, das aus einem Hochofen in flüssigem Zustand abgelassen wurde und sich beim Erstarren mit einer Silikathülle überkrustet hat.

Nicht nur fertige Objekte können wir durch Modelle veranschaulichen. Auch für zeitlich unübersichtliche Vorgänge werden in der Wissenschaft Modelle mit Vorteil verwandt. Um bei den Himmelskörpern zu bleiben, erinnere ich etwa an das Planetarium von Zeiß, das z. B. die Bewegung des Fixsternhimmels, die für den Laien nicht so leicht vorzustellen ist, in sehr eindrucksvoller Form unmittelbar vor Augen führt.

Oft liegt der Nutzen der Modelle in ihrer Verwertbarkeit für den Unterricht. Aber auch für den Forscher können sie von Wert sein, wenn sie ihm helfen, verwickelte Zusammenhänge zu verstehen. Dabei ist es häufig gar nicht entscheidend, ob die Modelle wirklich hergestellt sind oder hergestellt werden können, vielmehr genügt es, daß sie so übersichtlich sind, daß man sich ihr Funktionieren leicht vorstellen kann. Solche Modellvorstellungen haben sich in der Naturwissenschaft als sehr fruchtbar bei der Forschung erwiesen. Als Beispiel sei das Bohrsche Atommodell genannt, dessen praktische Realisierung in makroskopischem Maßstab überhaupt nicht möglich ist.

Wenn wir die Lebensvorgänge betrachten, so versteht sich von selbst, daß bei ihrer verwickelten Natur Modelle und Modellvorstellungen eine große Erleichterung für die Forschung bieten müssen. In der Tat ist die Zahl der Modelle, die zur Deutung spezieller Lebensvorgänge herangezogen worden sind, unübersehbar groß. Dabei erfüllen diese Modelle noch eine besondere Funktion. Alles Leben, das wir kennen, stammt vom Leben ab. Daraus hat sich die Vorstellung entwickelt, daß das Reich des Lebendigen gewissermaßen ein Reich für sich sei und daß es Vorgänge gebe, die sich nur im lebenden Organismus abspielen. Es ist nun die Frage, ob es tatsächlich Arten von physikalisch-chemischen Prozessen gibt, die für den lebenden Organismus in der Weise charakteristisch sind, daß sie nur von ihm durchgeführt werden können. Die Entwicklung in der Naturwissenschaft in den vergangenen anderthalb Jahrhunderten hat den Kreis dieser möglichen Vorgänge mehr und mehr eingeengt, und Modellvorstellungen und Modelle haben dazu wesentlich beigetragen. Zu jedem Modell gehört ja ein tertium comparationis, das dem Objekt und dem Modell gemeinsam ist. Dieses tertium ist also nicht charakteristisch in dem eben genannten engeren Sinne für die betreffenden Lebensvorgänge. Ein Modell von Lebensvorgängen dient also nicht nur der Veranschaulichung und Erklärung, sondern es schlägt auch Brücken zwischen dem Reich des Lebendigen und der unbelebten Natur.

Ich möchte nun der Reihe nach für die wichtigsten allgemeinen

Lebensvorgänge einige Modelle besprechen. Zuerst will ich die Fähigkeit sich zu bewegen behandeln, das auffälligste Merkmal, das sich besonders im Tierreich äußert. Dann will ich vom Stoffwechsel sprechen, darauf von Wachstum und Vermehrung und schließlich von der Fähigkeit lebender Organismen, auf Reize zu reagieren.

Wenn wir einige Kampferstückchen auf eine reine Wasseroberfläche werfen, so beobachten wir, daß diese Stückchen scheinbar regellos auf der Wasseroberfläche hin und her fahren. Der „Kampfertanz", den wir beobachten, ist ein sehr eindrucksvolles Schauspiel und drängt einem unmittelbar die Erinnerung an den Tanz spielender Fliegen auf. Trotzdem ist dieser Vorgang kein gutes Modell für die Bewegung lebender Organismen. Die Kampferstückchen verlieren bei ihrem Tanz auf der Oberfläche dauernd von ihrer Masse, und dieser Verlust, der darauf beruht, daß sich etwas von ihnen in der Oberfläche der Flüssigkeit löst, ist die treibende Kraft für die Bewegung. Ein solcher Typ der Bewegung spielt bei lebenden Organismen keine Rolle. Da ist eine Verbrennungsmaschine mit ihren beweglichen Teilen, z. B. eine Dampfmaschine oder ein Dieselmotor, schon ein besseres Modell. Hier wird die Energie der Bewegung durch die chemische Energie der Verbrennung organischer Stoffe geliefert, und das gleiche ist im lebenden Organismus der Fall. Aber es besteht auch hier noch ein wesentlicher Unterschied, und der liegt im folgenden. Bei der Dampfmaschine oder dem Dieselmotor wird die chemische Energie zunächst in Wärme und diese Wärme dann in Bewegung oder Arbeitsleistung verwandelt. Beim Muskel, der in dieser Beziehung genauer untersucht worden ist, ist das nicht der Fall. Wir können das aus dem hohen Nutzeffekt schließen, mit dem er chemische Energie in Energie der Bewegung oder Arbeitsleistung umwandelt. Der Nutzeffekt ist etwa so hoch wie der unserer besten Verbrennungsmaschinen. Würde der Muskel die chemische Energie der Prozesse, die sich in ihm abspielen, erst in Wärme verwandeln und diese Wärme dann in Arbeit oder Bewegungsenergie umsetzen, so müßte er, um denselben Nutzeffekt wie unsere Verbrennungsmaschine zu erzielen, in gewissen Teilen auch ebenso heiß werden, wie diese Maschinen. Das würde aber zur Folge haben, daß er zerstört würde. So ist also eine solche Maschine auch kein gutes Modell für das Zustandekommen der Bewegung der Organismen.

Wir haben auf chemische Vorgänge zu schließen, die unmittelbar ohne den Umweg über die Wärme zur Erzeugung von Bewegung oder Arbeitsleistung führen. Solche Vorgänge kennen wir. Ändert sich z. B. die Oberflächenspannung einer gekrümmten Oberfläche lokal an einer bestimmten Stelle, so wird sich die Krümmung der Oberfläche an dieser Stelle ändern. Ein Tröpfchen ranziges Öl z. B., das freie Säure enthält, zeigt, wenn es in eine wässerige Lösung alkalischer Reaktion gebracht wird, durch Reaktion an der Grenzfläche Öl-Wasser unter Umständen solche Veränderungen der Oberflächenspannung, die dazu führen, daß sich die Form des Tröpfchens dauernd ändert. In manchen Fällen gleichen die Bewegungen von Tröpfchen, die auf ähnliche Weise hergestellt werden, den Bewegungen von Amöben. Auch Quellungen können zu Bewegungen Veranlassung geben. Anisotrope Stoffe, das heißt solche Stoffe, die in verschiedenen Richtungen bezüglich ihrer Eigenschaften ungleichwertig sind, können bei diesen Quellungsdeformationen, die etwa durch Änderungen der Wasserstoffionenkonzentration hervorgerufen werden, Verlängerungen oder Verkürzungen erfahren. Der Wert solcher Modelle zur Deutung der Muskelkontraktion oder allgemein der Bewegung der Organismen ist aber immer noch sehr beschränkt.

Ein gutes Modell muß die Erfahrungen berücksichtigen, die die moderne Röntgenstrukturforschung gemacht hat. Nach diesen Erfahrungen, die wir im wesentlichen Astbury verdanken, ist ein Wollfaden, der sich unter dem Einfluß gewisser chemischer Behandlungsmethoden verkürzt oder verlängert, ein gutes Beispiel. Wie Whewell und Woods gezeigt haben, verkürzt sich ein Haar der Wolle, das mit einer Kupfer-Ammonsalz-Lösung behandelt wird, um etwa 28 % seiner ursprünglichen Länge und bleibt in diesem „superkontrahierten Zustand“, wenn es mit Wasser gewaschen wird, wobei es die blaue Kupferfarbe beibehält. Wenn aber das Kupfer mit verdünnter Schwefelsäure ausgewaschen wird, nimmt es seine ursprüngliche Länge wieder an, und dieser Vorgang kann einige Male wiederholt werden. Nach Astbury besteht eine enge Analogie zwischen diesem Vorgang und der Kontraktion eines Muskels. In beiden Fällen nämlich, im Haar und in der Muskelfaser, liegen kettenförmige Eiweißmoleküle vor, das Keratin und Myosin. In beiden Fällen sind die Eiweißmoleküle im Normalzustand nicht vollkommen gestreckt, sondern etwas gefaltet. Erst eine Dehnung des Haares und der Muskelfaser kann diese Faltung aufheben, aber diese Dehnung interessiert in unserem Zusammenhang nicht unmittelbar. Die Kontraktion des Haares oder der Muskelfaser auf eine Länge, die unterhalb der normalen Länge liegt (Superkontraktion in der Terminologie von Astbury), kommt dadurch zustande, daß eine zusätzliche Faltung der Eiweißkette eintritt. Diese zusätzliche Faltung läßt sich beim Keratin des Haares nicht so leicht erreichen wie beim Myosin der Muskelfaser, wofür chemische Gründe angegeben werden können. Die Kontraktion des Muskels wird also auf eine zusätzliche Faltung der Kette des Myosinmoleküls zurückgeführt, die übrigens nicht irgendwie ungeordnet, sondern offenbar sehr definiert vor sich geht. Durch Engelhardt und Lyubimowa ist vor einiger Zeit gezeigt worden, daß sich das Myosinmolekül unmittelbar an dem Chemismus, der sich im Muskel abspielt, beteiligt. Und zwar reagiert es offenbar vorübergehend mit dem Adenosintriphosphat, das den direkten Energiespeicher für den Kontraktionsprozeß des Muskels darstellt. So kann man ahnen, wie die Umwandlung der chemischen Energie in die Energie der räumlichen Anordnung des Myosinmoleküls übergeht, ohne daß allerdings eine spezielle Vorstellung schon gebildet werden kann. Nach den Untersuchungen von Straub, Szent-Györgyi und Astbury kann man sich etwa vorstellen, daß das Myosinmolekül vor der Kontraktion durch ein benachbartes, ebenfalls kettenartiges anderes Eiweißmolekül, das sogenannte Aktin, in seiner normalen

Länge durch Vernetzung ausgespannt ist, und daß durch Adenosintriphosphat diese Vernetzung zerstört wird, wobei das Myosinmolekül sich durch Faltung verkürzt. Man sieht, wie wir in diesem Fall bereits in der Lage sind, einen biologisch wichtigen Grundvorgang durch Molekülmodelle uns zu veranschaulichen. Trotzdem muß betont werden, daß uns noch viele wesentliche Einzelheiten zum Verständnis des Gesamtvorgangs fehlen.

Wenn wir nun zu der Betrachtung der Stoffwechselerscheinungen übergehen, so fällt uns auf, wie ärmlich die Kunst des modernen Chemikers verglichen mit der Natur ist. Reaktionen, die die Natur spielend bei gewöhnlichen Temperaturen ausführt, können wir im Laboratorium entweder überhaupt nicht nachmachen, oder wir benötigen dazu die kompliziertesten Apparaturen und Manipulationen. Das liegt daran, daß die meisten Reaktionen im Organismus Fermentreaktionen sind. Fermente sind Stoffe, die im lebenden Organismus anwesend sind und die durch ihre Anwesenheit das Zustandekommen bestimmter chemischer Reaktionen ermöglichen. Diese Fermente können wir zwar manchmal dem Organismus entziehen und können dann die Reaktionen, die von diesen Fermenten vermittelt werden, im Reagenzglas außerhalb des lebenden Körpers durchführen. Aber wir können die Fermente nicht selbst synthetisch herstellen und brauchen also doch indirekt den lebenden Organismus zur Durchführung dieser Vorgänge. Außerdem ist die Mehrzahl der uns interessierenden Reaktionen nicht einmal mit Hilfe dieser erborgten Fermente im Reagenzglas heute für uns möglich. Das Ferment ist nach der obigen Erklärung eine spezielle Form eines Katalysators. Unter einem Katalysator verstehen wir ja bekanntlich einen Stoff, der Reaktionen vermittelt, die ohne seine Anwesenheit nicht (– oder nur langsamer –) stattfinden würden. Das Spezielle des Fermentes liegt für uns darin, daß es ein Katalysator ist, der bisher nur vom lebenden Organismus hergestellt werden kann. Dies hängt jedenfalls damit zusammen, daß eine wesentliche Komponente des Fermentes aus Eiweiß besteht.

Ich möchte die Verhältnisse und insbesondere die Wirkungsweise der Fermente an dem speziellen Beispiel der Atmung veranschaulichen. Ich meine damit nicht das Ein- und Ausatmen der Luft durch die Lungen des Menschen, sondern die sogenannte Zellatmung, einen sehr allgemeinen biologischen Vorgang, bei welchem in der einzelnen Zelle die organische Substanz durch Sauerstoff oxydiert wird. Denken wir z. B. an die Oxydation des gelösten Traubenzuckers. Sauerstoff greift diesen Zucker nicht ohne Ferment an. Nach Warburg besteht das sauerstoffübertragende Ferment in einer organischen Eisenverbindung. Bei dieser Entdeckung hat die Untersuchung eines Modelles eine entscheidende Rolle gespielt. Warburg hatte beobachtet, daß Kohle, die durch Verkohlen von Blut hergestellt worden ist, als ein Modell für das Atmungsferment angesehen werden kann. Gewisse organische Verbindungen, die von Luftsauerstoff allein nicht oxydiert werden, werden in Gegenwart von dieser Tierkohle oxydiert. Die Analogie zwischen Modell und „Atmungsferment“ bestand aber nicht nur darin, sondern in der Tatsache, daß das Modell sich gegenüber gewissen Fremdstoffen ähnlich wie das Atmungsferment verhält. So verliert zum Beispiel das Atmungsferment ebenso wie das Modell in Gegenwart von geringen Mengen von Blausäure seine Wirksamkeit; es wird irreversibel vergiftet. Durch Narkotika wird in beiden Fällen die Oxydation in reversibler Weise gehemmt. Im Falle des Modells konnte nun analytisch und präparativ gezeigt werden, daß Eisen (gebunden an Stickstoff) der wirksame Bestandteil ist. Daraus schloß Warburg, daß auch im Atmungsferment Eisen eine Rolle spielen müßte. Die Vergiftung durch Blausäure läßt sich dann leicht so verstehen, daß die Blausäure mit dem Eisen reagiert und einen unwirksamen Komplex bildet. Die Wirkungsweise des sauerstoffübertragenden Atmungsfermentes besteht dann darin, daß das eisenhaltige Atmungsferment zunächst in der Ferroform existiert und sich an der Luft zur Ferriform oxydiert. Das Ferment übt also nicht irgendwelche mystischen physikalischen Kräfte auf den Sauerstoff aus und macht ihn dadurch reaktionsfähig, sondern es reagiert unmittelbar mit ihm. Seine Rolle als Reaktionsvermittler spielt es nun dadurch, daß die gebildete Ferriform ihrerseits weiter oxydierend wirkt, indem es selbst in die Ferroform zurückkehrt. Das Ferment beteiligt sich also unmittelbar an der chemischen Reaktion und wird durch sie wieder zurückgebildet. Aber die Ferriform des erwähnten Atmungsfermentes oxydiert nun nicht unmittelbar die organische Substanz, die verbrannt werden soll, also zum Beispiel den Zucker. Vielmehr oxydiert sie ihrerseits ein anderes Fermentsystem, das übrigens auch eine Ferroverbindung ist, und an diese Oxydation schließt sich eine ganze Kette von Oxydationsprozessen an. Auf der einen Seite dieser Kette, in welcher von einem Glied zum anderen Elektronen oder Wasserstoff ausgetauscht werden, steht die Reaktion des Sauerstoffs mit dem sauerstoffübertragenden Ferment, auf der anderen Seite der erste Oxydationsschritt des Zuckermoleküls. Der Sinn dieses Kettenhandels, in dem jedes Ferment als Tauschpartner auftritt, ist uns noch nicht völlig klar. Offenbar wird durch Zerlegung des Gesamtprozesses in viele Einzelschritte die Reversibilität des gesamten Vorgangs erhöht. Das einzelne Ferment übt seine reaktionsvermittelnde Tätigkeit nicht dadurch aus, daß es den Reaktionspartnern Raum und Gelegenheit zur Reaktion gibt, ohne an ihr selbst beteiligt zu sein. Es greift vielmehr aktiv gebend und nehmend in den Chemismus ein und wirkt als ein organisches Molekül besonders hoher Reaktivität. Die Theorie der chemischen Reaktivität organischer Verbindungen ist sehr kompliziert, und es ist auf rein theoretischem Wege nicht möglich, besonders wirksame Katalysatoren vorauszusagen und synthetisch herzustellen. Aber auf systematisch empirischem Wege ist es Langenbeck gelungen, organische Verbindungen zu synthetisieren, die als gute Modelle von Fermenten angesehen werden können. Besonderen Erfolg hat er bei der Darstellung eines Fermentmodelles für die Karboxylase gehabt. Dieses Ferment bewirkt die Kohlensäureabspaltung aus bestimmten organischen Verbindungen, also einen der letzten Prozesse, aus denen der Atmungsvorgang besteht. In dem Langenbeckschen Modell wird die Aminogruppe des Methylamins durch systematische Substitution auf das mehr als Tausendfache ihrer Wirksamkeit aktiviert. Das Modell legt auf diese Weise die Vermutung nahe, daß auch im Ferment der Aminogruppe eine entscheidende Bedeutung zukommt.

Chemische Probleme besonderer Art treten uns entgegen, wenn wir die Vorgänge betrachten, die zu Wachstum und Vermehrung der Organismen führen. Wachstum an sich ist keine Eigenschaft, die ausschließlich lebenden Organismen zukommt, wie jedermann weiß. Die Erscheinungen des Kristallwachstums sind ja allgemein bekannt. Es gibt reizvolle physikalisch-chemische Experimente, in denen man das Wachstum von Gebilden vor Augen führen kann, die äußerlich oft eine frappierende Ähnlichkeit mit gewissen Pflanzen, z. B. Algen, Moosen oder Pilzen, haben. Es sind das die sogenannten Niederschlagsvegetationen, die besonders von Leduc studiert worden sind. Wirft man z. B. einige Körnchen eines leichtlöslichen Schwermetallsalzes, wie Eisenchlorid oder Kupfer- oder Mangannitrat, in eine Wasserglaslösung, so sieht man, wie von den am Boden liegenden Körnern Gebilde hervorwachsen, die die merkwürdigsten Formen annehmen. Das Wachsen geht hier auf folgende Weise vor sich: es bildet sich auf der Oberfläche des Körnchens eine dünne Haut unlöslichen Schwermetallsilikates, die wasserdurchlässig, aber salzundurchlässig ist. Unter der Haut bildet sich zunächst eine gesättigte Lösung des leichtlöslichen Schwermetallsalzes, die sich durch die osmotische Wirkung der halbdurchlässigen Membran verdünnt. Dadurch wird die Membran gespannt, bis sie schließlich zerreißt und die Salzlösung austritt, die im Kontakt mit der Silikatlösung zur Bildung einer neuen Silikathaut führt, worauf sich das Spiel in derselben Weise fortsetzt. Obwohl solche halbdurchlässigen Wände im Haushalt der Zelle eine große Rolle spielen, ist die Leducsche Vegetation doch nicht als ein gutes Modell für den Wachstumsvorgang der lebenden Substanz anzusehen, wenn auch die äußeren Formen der Gebilde lebenden Organismen gleichen.

Eine Hauptfrage, die heute viel diskutiert wird, und die Wachstum und Vermehrung betrifft, ist die nach dem Mechanismus der

Selbstreproduktion komplizierter organischer Moleküle. Wenn wir hier von Wachstum sprechen, so meinen wir das Wachstum, das auf Zellvermehrung beruht. Offenbar muß es irgendein materielles Substrat geben, das sich bei der Zellteilung identisch reproduziert und damit die Bedingungen dafür schafft, daß die Tochtergeneration der elterlichen Generation gleicht. Aus der Vererbungslehre wissen wir, daß dieses Substrat die Gene sind, die in den Chromosomen lokalisiert sind. In den Genen sehen wir heute komplizierte Eiweißnukleinsäureverbindungen, denen offenbar die Fähigkeit zur Selbstvermehrung zukommen muß. Bei einfachen chemischen Stoffen ist die Erscheinung der Selbstvermehrung durchaus bekannt und kommt auch in anorganischen Systemen bei jeder sogenannten Autokatalyse vor. Unter Autokatalyse versteht man eine katalytische Reaktion, bei der der Katalysator im Laufe der Reaktion, die durch ihn katalysiert wird, neuen zusätzlichen Katalysator erzeugt. Das ist z. B. der Fall, wenn bei der Zersetzung von Arsenwasserstoff in Arsen und Wasserstoff das gebildete Arsen den Arsenwasserstoffzerfall beschleunigt oder gar für ihn allein verantwortlich ist. Im letzteren Fall kann Arsen auf Kosten des Arsenwasserstoffs anwachsen, so wie ein Organismus auf Kosten des umgebenden Nährmediums anwächst. Aber während es nicht allzu schwierig ist, sich ein physikalisch-chemisches Bild von der Wirkungsweise des Arsens in diesem Falle zu machen, stößt man auf große Schwierigkeiten, wenn man sich etwa vorstellen soll, wie ein kompliziertes organisches Molekül oder Molekülaggregat, wie das Gen, auf Kosten des umgebenden Mediums nach den heutigen reaktionskinetischen Vorstellungen sich reproduzieren soll. Man wird zu der Vorstellung geführt, daß es besondere dirigierende Kräfte geben muß, die die Bausteine des Moleküls, die sich in ungeordneter Verteilung im umgebenden Medium befinden, an ihren richtigen Platz führen, den sie in dem aufzubauenden Molekül einzunehmen haben, und daß hierfür das bereits vorhandene organische Molekül als Unterlage wirksam ist. In gewisser Hinsicht kann man sagen, daß ja schließlich auch beim Kristallwachstum solche ordnenden Kräfte wirksam sind, die die Moleküle in die richtige Lage bringen, aber es scheint doch ein sehr großer und fast prinzipieller Unterschied demgegenüber zu bestehen, insofern, als in dem uns interessierenden Fall der Genverdoppelung das neue Molekül erst durch chemische Reaktionen gebildet werden muß. Von Friedrich Freksa ist ein Modell entworfen worden, das den Reproduktionsvorgang verständlich machen soll. Es wird dabei auf die Tatsache hingewiesen, daß die Moleküle, denen wir die Fähigkeit der Selbstvermehrung zuschreiben müssen (das sind außer den Genen noch die Virusmoleküle), Eiweißnukleinsäureverbindungen sind. Die Nukleinsäuren sind mit den Hexonbasen der Eiweißmoleküle salzartig verbunden, wodurch Dipolmomente entstehen, die weitreichende elektrische Kräfte hervorrufen, welche nach Friedrich Freksa die Bausteine an die richtigen Plätze dirigieren sollen, an welchen dann die Synthese zum fertigen Molekül stattfindet. Diese Vorstellung, die gleichzeitig ein Verständnis für die Anziehungskräfte liefert, die zwischen gleichartigen Chromosomen bestehen, ist im einzelnen noch zu wenig ausgeführt, als daß sie einer experimentellen Prüfung zugänglich wäre. In ihrer Grundidee kann man sie so charakterisieren. Wie für die Vervielfältigung räumlicher Figuren plastische Massen benutzt werden, die als negative Formen Verwendung finden, so wird das Eiweißmolekül reproduziert, indem die Nukleinsäure als plastisches Negativ fungiert. Ein solches Bild der Reproduktionstechnik weicht von den üblichen reaktionskinetischen Vorstellungen weit ab, und so scheint es erwägenswert, wieweit man mit den üblichen Vorstellungen der Reaktionskinetik allein durchkommen kann. Es läßt sich dies heute noch nicht übersehen, aber es ist doch überraschend, daß recht komplizierte Moleküle in speziellen Fällen auch in unbelebten Systemen die Fähigkeit haben können, sich selbst zu vermehren. Ich denke hierbei an die autokatalytische Zuckerbildung in alkalischen Formaldehydlösungen. Diese Reaktion ist von Schmalfuß als Modellreaktion für das organische Wachstum herangezogen und insbesondere von Langenbeck genauer studiert worden. Es handelt sich eigentlich nicht um eine direkte autokatalytische Vermehrung des Zuckermoleküls selbst, sondern um eine solche seiner Bausteine. Den Reaktionsmechanismus kann man folgendermaßen auffassen: Dioxyazeton (D), in welches die Hexosen in alkalischer Lösung zerfallen, und welches wiederum Zucker bilden kann, reagiert mit Formaldehyd (F) zu 2 Molekülen Glykolaldehyd (G). Glykolaldehyd wiederum addiert Formaldehyd unter Rückbildung von Dioxyazeton. Die Reaktion erfolgt also nach dem Schema:

$$\mathrm{D} + \mathrm{F} = 2\,\mathrm{G}$$
$$2\,\mathrm{G} + 2\,\mathrm{F} = 2\,\mathrm{D}$$

Es bilden sich also auf diese Weise aus einem Molekül Dioxyazeton unter schrittweiser Aufnahme von 3 Formaldehydmolekülen 2 Dioxyazetonmoleküle, und da sich aus Dioxyazeton durch Kondensation immer Zuckermoleküle bilden, so vermehrt sich auch auf diese Weise der Zucker autokatalytisch. So beachtenswert es ist, daß auf diese verhältnismäßig einfache Weise ohne künstliche Zusatzhypothesen die Vermehrung von Zuckermolekülen verständlich gemacht werden kann, so zeigt doch dieses Modell andererseits eine charakteristische Schwäche, die in der chemischen Unsauberkeit der Reaktion liegt. Außer den hier besprochenen Reaktionen finden nämlich in diesem System noch viele andere Reaktionen statt, und es wird auf diese Weise nicht nur ein bestimmtes, wohl definiertes Zuckermolekül gebildet, sondern eine ganze Reihe verschiedener Sorten. Es fehlt also dem Modell doch in gewissem Maße gerade das, was den Vermehrungsvorgang des Gens vom physikalisch-chemischen Standpunkt aus so schwer verständlich macht, nämlich die meist exakt identische Reproduktion. In der Sprache der Vererbungslehre müßte man sagen, daß die Mutationsrate im Modell so hoch ist, daß von einer Artkonstanz keine Rede mehr sein kann. Sollte trotzdem das Molekül den wahren Kern der Sache irgendwie treffen, so würde es wohl folgendes bedeuten. Die Neigung vieler Molekülgruppen, sich durch Kondensation oder Polymerisation zu langen kettenförmigen Aggregaten zusammenzureihen, zusammen mit der Tatsache, daß diese Ketten ab und zu an irgendwelchen Stellen abreißen, könnte im Prinzip einen Vermehrungsvorgang ergeben. Die Definiertheit der entstehenden Kettenlängen, welche für die organischen Moleküle im lebenden Organismus charakteristisch sind im Vergleich zu den hochmolekularen Kunststoffen, die wir im Laboratorium erzeugen, und der regelmäßige periodische Aufbau der Ketten, wie er im Eiweißmolekül, das aus verschiedenen Bausteinen zusammengesetzt ist, experimentell nachgewiesen wurde, wären dann aber ihrerseits noch einer Erklärung bedürftig.

Ich wende mich nunmehr den Erscheinungen der Irritabilität der lebenden Materie zu, d. h. der Tatsache, daß die Organismen auf „Reize", welche von der Umwelt auf sie ausgeübt werden, „reagieren". Auch nicht lebende Systeme werden natürlich von ihrer Umgebung irgendwie beeinflußt, aber das Charakteristische einer Reaktion eines Organismus auf einen Reiz ist, daß diese Reaktion in einem physikalisch sehr undurchsichtigen Zusammenhang mit dem Reize steht und daß der Organismus häufig als Ganzes in einer Weise „reagiert", die für seine Erhaltung in der Umwelt zweckmäßig ist. Damit der Organismus als Ganzes auf einen lokalen Reiz reagieren kann, sind offenbar Leitungserscheinungen notwendig. Bei den vielzelligen Tieren, bei welchen sich die Irritabilität am offenkundigsten zeigt, sind besondere Zellen, die Nervenzellen mit ihren langen Fortsätzen, für die Reizleitung spezialisiert. Aber nicht nur die Nervenzellen sind reizbar, die Irritabilität ist eine allgemeine biologische Eigenschaft der Zellen und häufig als besonders charakteristisch für die Lebensvorgänge angesehen worden. Was die Vorgänge im Nervensystem angeht, so werden sie in populären Vergleichen manchmal mit der Tätigkeit einer Telegraphenstation verglichen. Das Zentralnervensystem bildet die Telegraphenzentrale, die peripheren Nerven sind die Drähte, auf denen Botschaften nach der Zentrale zentripetal und von der Zentrale aus zentrifugal gerichtet werden. Dieser Vergleich stellt aber kein brauchbares physikalisches Modell dar. Der Vorgang bei der Nervenleitung hat nichts mit der elektrischen Leitung in metallischen Drähten zu tun.

Um zu einem brauchbareren Modell zu gelangen, haben wir uns zunächst die Grundtatsachen der Reizbarkeit und der Reizleitung vor Augen zu halten. Zunächst ist für die Reizbarkeit charakteristisch, daß der Reiz immer eine gewisse Stärke überschreiten muß, damit er überhaupt wirksam wird und zur „Erregung" des gereizten Gebildes führt. Wir beobachten eine Reizschwelle. Der physiologische Erregungszustand selbst verrät sich allgemein dadurch, daß die erregte Zone elektrisch negativ gegenüber ihrer Umgebung ist. Bei der Reizleitung wandert die negativ erregte Zone mit mäßiger Geschwindigkeit längs der Zelloberfläche, im speziellen Fall des Nerven längs der Nervenfaser. Ein Nerv, über den eine Erregungswelle hingeglitten ist, befindet sich zunächst nicht wieder in dem Zustand, in dem er vor der Erregung sich befand, was sich darin verrät, daß er unmittelbar danach nicht wieder erregbar ist. Es muß eine gewisse Zeit verstreichen, während deren er „refraktär" gegenüber neuen Reizen bleibt, bis die alte Erregbarkeit wieder hergestellt ist.

Ein brauchbares Modell für diese Erscheinungen ist eine Zündschnur, oder noch besser ein langes Glasrohr, das mit einem explosiblen Gas gefüllt ist. Erhitzt man die Zündschnur oder das explosible Gas an dem einen Ende genügend hoch, so entsteht eine Flamme, die sich längs der Zündschnur, oder dem explosiblen Gasgemisch fortpflanzt und am anderen Ende des Rohres als „Reaktion" etwa eine Explosion auslöst. Der Reizschwelle entspricht hier die Zündtemperatur. Die Fortpflanzung der Flamme wird durch einen Wärmestrom verursacht, der von der heißen Zone in die kalte Zone des noch unverbrannten explosiblen Gasgemisches fließt und dieses auf die Zündtemperatur bringt. (Wir wollen von der Diffusion aktiver Teilchen dabei absehen.) Die Fortpflanzung der Erregung, welche der Flamme entspricht, wird durch einen elektrischen Strom hervorgerufen, der in die negative erregte Zone von dem noch unerregten Gebiet fließt und dieses dadurch über die Reizschwelle hinaus reizt. In dem verbrannten Gasgemisch kann der Zündversuch nicht wiederholt werden, was in Analogie zu der vergeblichen Reizung refraktärer Nerven tritt. An Stelle einer Potentialdifferenz im Nerv tritt eine Temperaturdifferenz im Modell. Im Grunde ist das die alte „Strömchentheorie" der Nervenleitung von Hermann. Aber die Analogien gehen noch weiter. Wenn man dafür sorgt, daß das Gasgemisch, welches verbraucht ist, durch neues explosibles Gas ersetzt wird und man an einer Stelle dauernd lokal über die Zündtemperatur erhitzt, so beobachtet man rhythmische Flammenerscheinungen, die sich darin äußern, daß in periodischen Abständen Flammen den Glaszylinder durchlaufen. Ähnlich beobachtet man bei Reizung eines Nerven, wenn ihre Dauer groß ist, verglichen mit der Abklingungszeit des Refraktärzustandes rhythmische Erregungen. Es pflanzen sich in gewissen Fällen (bei der elektrischen Reizung markloser Nerven und bei der Erregung sensibler Nerven durch Sinnesorgane) in periodischen Abständen Erregungen längs des Nerven fort.

Immerhin ist die Analogie dieses Modells, so lehrreich sie in einer Beziehung ist, die gleich noch besprochen werden soll, doch nicht allzu eng, insofern als die elektrischen Potentialdifferenzen durch Temperaturdifferenzen repräsentiert werden. Es gibt aber ein physikalisch-chemisches Modell, das in erstaunlicher Weise die Eigenschaften der Reizbarkeit und Reizleitung des Nerven nachahmt, obwohl es seiner chemischen Zusammensetzung nach vom Nerv total verschieden ist. Auf dieses Modell ist zuerst von Wilhelm Ostwald aufmerksam gemacht worden, und es ist später von Lillie und anderen eingehend studiert worden. Es handelt sich um einen Draht aus Eisen, der sich in Salpetersäure befindet, die gerade eben genügend konzentriert ist, um passivierend auf das Eisen zu wirken, so daß sich dieses in ihr nicht löst. Berührt man diesen Eisendraht etwa mit einem Zinkstab für einen Augenblick, so beobachtet man, wie von der Berührungsstelle aus nach beiden Enden des Drahtes aktive Zonen laufen. Diese aktiven Zonen verraten sich dadurch, daß sich in ihnen das Eisen unter Gasentwicklung auflöst und daß sie ein unedles elektrisches Potential, verglichen mit dem passiven Eisen, haben. Genau so pflanzt sich längs eines Nerven, der an irgendeiner Stelle lokal elektrisch gereizt wird, nach beiden Seiten eine Erregungswelle fort, wie längs des Drahtes die Aktivitätswelle. Das Modell des passiven Eisendrahtes ist deswegen besser als das des explosiblen Gasgemisches, weil beim Eisendraht ebenfalls elektrische Ströme für die Erregung und Erregungsleitung maßgeblich sind. Aber vom chemischen Standpunkt unterscheidet sich in seiner Zusammensetzung das eine Modell wie das andere vom Nerv vollkommen. Bei der erstaunlichen Ähnlichkeit im Verhalten ist die chemische Verschiedenheit in der Zusammensetzung besonderer Beachtung wert. Es ist über alle Maßen unwahrscheinlich, daß ein Modell ein Objekt in einer sehr großen Zahl von Eigenschaften nachahmt, wenn das Objekt und das Modell stofflich so verschieden sind und wenn die Eigenschaften, in denen Objekt und Modell sich gleichen, voneinander unabhängig sind. Modell und Objekt gleichen sich bei uns in den erwähnten Eigenschaften der Existenz einer Reizschwelle, der Existenz einer Reizleitung, der Refraktarität und des Auftretens von Rhythmen. Es gibt noch eine ganze Reihe weiterer Eigentümlichkeiten, in denen sich die Systeme ähneln, wie z. B. den Akkommodationserscheinungen, die aber auch nur aufzuzählen an dieser Stelle zu weit führen würde. Wir müssen aus dieser Übereinstimmung schließen, daß diese Eigentümlichkeiten, die man für die Irritabilität ganz allgemein festgestellt hat, alle untereinander zusammenhängen und als eine Einheit verstanden werden müssen. Auf diese Weise gibt das Modell in seiner unerwarteten Übereinstimmung mit dem Objekt Anlaß, über diese Zusammenhänge eingehender nachzudenken, und es zeigt sich in der Tat, daß die Zusammenhänge verstanden werden können. Die Labilität des Zustands, die wir an der Schwelle erkennen, hängt mit der Existenzfähigkeit von Rhythmen in enger Weise zusammen. Um ein Beispiel aus der Elektrotechnik zu bringen, möchte ich auf die Verhältnisse beim Lichtbogen verweisen. Die Labilität des Lichtbogens, welche durch die Existenz einer Zündspannung hervorgerufen wird, ist gleichzeitig die Ursache für die Möglichkeit, elektrische Schwingungen mit dem Lichtbogen erzeugen zu können. In den Differentialgleichungen für den Lichtbogen spielt die fallende Charakteristik die gleiche Rolle, die in den reaktionskinetischen Gleichungen für das Verhalten des passiven Eisens ein autokatalytischer Prozeß spielt, der auf der Eisenoberfläche abläuft und mit dem Ausbreitungsvorgang der Aktivität im Zusammenhang steht. Von hier aus gewinnen wir auch ein Verständnis für das von Bethe vorgeschlagene Kippschwingungsmodell der Nervenerregung, das ebenfalls in einer großen Reihe von Eigenschaften, die unter sich im Zusammenhang stehen, mit dem Verhalten des Nerven übereinstimmt. Aber zum Unterschied vom Kippschwingungsmodell Bethes gibt das Modell des Eisendrahtes auch noch die Leitungserscheinungen der Erregung wieder, für die im Betheschen Modell kein Raum ist. Die Möglichkeit einer dekrementlosen Leitung, wie sie im Drahtmodell und im Nerven nachgewiesen wurde, beruht, wie die nähere Analyse zeigt, gleichfalls auf den Labilitätserscheinungen, die sich im Vorhandensein einer Schwelle äußern.

Ich bin am Ende meiner Ausführungen angelangt. Ich wollte Ihnen einen Eindruck vermitteln, wie weit physikalisch-chemisches Denken heute bereits in die Biologie eingedrungen ist und wie weit die Grundprobleme der allgemeinen Biologie physikalisch-chemische Probleme sind. Über Modelle habe ich deswegen gesprochen, weil ich hoffte, daß an Hand von Modellen die Probleme besonders anschaulich würden. Modellkonstruktionen stellen aber keineswegs die wichtigste Forschungsmethode dar, sondern nur eine Ergänzung. So mußte das Bild, das ich gab, schon aus diesem Grund lückenhaft bleiben.

FSC
www.fsc.org
MIX
Papier | Fördert
gute Waldnutzung
FSC® C083411

Zeitfracht Medien GmbH
Ferdinand-Jühlke-Straße 7
99095 Erfurt, Deutschland
produktsicherheit@kolibri360.de